Experience Princeton

走进普林斯顿

——美国小镇文化与建筑写实

郝慎钧 （美）郝慎铨 著

中国建筑工业出版社

图书在版编目（CIP）数据

走进普林斯顿——美国小镇文化与建筑写实 / 郝慎钧，
（美）郝慎铨著. — 北京：中国建筑工业出版社，2018.12
ISBN 978–7–112–22551–4

Ⅰ.①走… Ⅱ.①郝…②郝… Ⅲ.①小城镇 — 城市规
划 — 建筑设计 — 美国 Ⅳ.① TU984.712

中国版本图书馆CIP数据核字（2018）第184205号

普林斯顿小镇是美国著名的一座小镇，小镇因为有普林斯顿大学而蓬荜生辉。全书内容包括普林斯顿镇、普林斯顿大学、美国小镇文化与校园文化等。

全书可供广大建筑师、城市规划师、风景园林师、建筑艺术爱好者、高等建筑院校师生等学习参考。

责任编辑：吴宇江　许顺法
责任校对：王　烨

走进普林斯顿——美国小镇文化与建筑写实

郝慎钧　（美）郝慎铨　著

＊

中国建筑工业出版社出版、发行（北京海淀三里河路9号）
各地新华书店、建筑书店经销
北京点击世代文化传媒有限公司制版
北京富诚彩色印刷有限公司印刷

＊

开本：965×1270毫米　1/16　印张：8　字数：161千字
2018年12月第一版　2018年12月第一次印刷
定价：100.00元
ISBN 978-7-112-22551-4
（32622）

前　言

《走进普林斯顿——美国小镇文化与建筑写实》一书，是作者旅居美国期间多次探访普林斯顿地区，并搜集到一些珍贵资料，回国后认真整理写成。

本书由三部分组成：上篇是普林斯顿镇；中篇是普林斯顿大学；下篇是美国小镇文化与校园文化。

普林斯顿小镇是美国著名的一座小镇

普林斯顿地理位置优越，环境优美，历史悠久，身世辉煌。在美国独立战争时期，普林斯顿小镇民众全力以赴地参与华盛顿指挥的多次战役，为扭转战局赢得最后胜利做出了巨大的贡献，也为小镇历史添上了浓重一笔。

小镇更因为有普林斯顿大学在此而蓬荜生辉。普林斯顿小镇建筑风貌秀美，风光旖旎，既有田园诗画般的宅院，也有霓虹焕彩般的商铺。小镇清洁干净，大街小巷一尘不染，店肆街衢秩序井然。居民知书达理，邻舍温雅谦让，人们生活富足安详，事业兴旺有成，整个小镇充满了高度的社会文明和浓郁的文化气息。

普林斯顿大学是著名私立研究型大学

普林斯顿大学是英国殖民时期在北美兴建的第四所大学，其历史源远流长。同时，它也是美国八所常春藤大学联盟中的一员，资质深厚。

普林斯顿大学因其一贯执行的治学严谨、教书育人，勤劳务实、不搞浮夸，主攻学问、不涉世俗，洁身自好、惜名重信，不分贵贱、一视同仁的办学方针，使之常青不竭、充满活力，成就显赫、硕果累累，人才济济、誉满全球。

普林斯顿大学建筑风貌奇特瑰丽，清秀殊绝。大学内的一些古老建筑，虽然仅由罗曼式与哥特晚期的遗留构成，但依然成功地用建筑石墙书写了大学的编年史。它们不仅美丽而且和谐，是大学沿街立面最夺人眼球的一道风景线。接下来是新古典式、殖民式、现代式、后现代式新老建筑混搅在一起，洋洋大观，格调纷呈，但是布局均衡，互相礼让，虽然风貌各异却同样婀娜多姿、各领风骚。于是乎整座校园绿荫堆拥、葱润如烟、屋宇严邃、风物蔚然，如天光普照一派生机。

美国小镇文化和美国校园文化

本书采写的普林斯顿小镇和普林斯顿大学建筑组群，其文化内涵无不源于美国主流文化，因此对美国小镇文化和校园文化必须施以笔墨以道其详。这就是撰写第三部分内容的原因。

美国小镇文化和美国校园文化是美国主流文化的脊梁。美国小镇文化和校园文化萌发于15世纪之后屡屡从欧洲涉险大西洋，远赴美洲移民不屈不挠的奋斗之中，成长于长期躬耕美洲大陆开垦的艰苦卓绝和独立战争浴血奋战之中。它的精神实质，作者认为主要几点就是：坚韧不屈，勇敢进取；认真负责，实际干练；勤俭朴素，诚实守信；互敬互爱，施善于人。这些美德日久天长深入人心，逐渐构成了美国的主流文化。

今天，美国遭遇多种外部文化不同程度的侵袭，有些甚至是文化糟粕。在一些大城市或人口杂居之地，多有丑陋下流文化漫延。但在美国小镇、美国校园依旧是主流文化占据要津，成为抗拒落后文化侵袭的中流砥柱。因此说美国小镇文化与美国校园文化是美国主流文化的脊梁一点都不过分。

鉴于作者水平所限，时间又很仓促，在对资料分析、书写文章过程中，难免有疏漏错误之处，恳望有识之士指正，谢谢！

2018 年 5 月

目　录

前　言

上
篇

普林斯顿镇

普林斯顿镇胜利纪念碑立面示意图

一、小镇概况

普林斯顿小镇沿街商铺

普林斯顿小镇，地处美国东北部哈得孙河入海口，位于纽约、新泽西大三角繁华地带。

这一地区风光旖旎、物产丰富、阳光充沛、气候温和、林草茂盛、土地肥沃，是美国最富庶地区之一。从 15 世纪欧洲首批移民的到来，人们就不断在这里经营劳作，经过了几代人勤奋耕耘，这块土地蒸蒸日上，飞速发展。直至今天仍然是世界上最辉煌的富贵文明之乡。

普林斯顿小镇，正是得益于这种大气候的有利条件，才得以发展壮大，成为当今举世闻名的学府之镇和富足的安逸之乡。

普林斯顿小镇安卧在新泽西州的西南一隅的特拉华平原地带。面临宾夕法尼亚州，仅一步之遥。

新泽西州在美国是最美丽的绿色之州，原始森林、芳草绿茵，举目皆是，看不到一块裸露黄土，素有"花园州"之称。普林斯顿所处的特拉华平原，更是新泽西美境中的美境。其优雅、娴静，出神入化，加上其幽静、沉美、端庄、秀丽的气质，更是不同凡响。正是这种圣洁、清新、特殊丽质，才使得这里成为治学、求真、悟道、修身的世外桃源。因此能培养出众多的、美国各个阶层的扛鼎人才。

今天的普林斯顿小镇，在阳光普照下，呈现出一片安详、宁静、富裕又充实的生活格调。但在历史上，普林斯顿小镇也经历过坎坷，为美国独立解放也曾有过卓绝贡献。

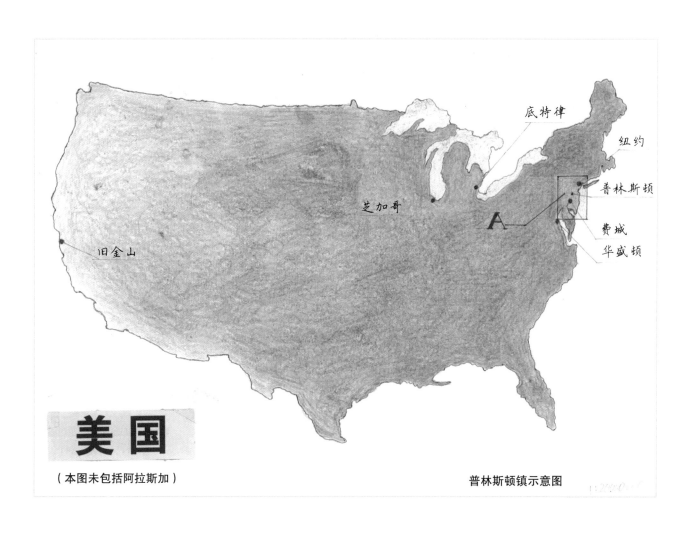

（本图未包括阿拉斯加）
普林斯顿镇示意图

普林斯顿小镇早在殖民地时期就已经存在。1746年镇上成立了新泽西学院之后，更得到了长足发展成为美国东北部地区重镇。但不幸的是1775年爆发的独立战争却把小镇拖入了长期动乱之中。

美国独立战争，是美国人民争取自由、民主、独立，建立自己国家的一次划时代伟大斗争。

1775年4月战争爆发时，战火只是在纽约以北马萨诸塞州等地和英国占领军的零星战斗。随着战争升级，1775年底，英国决定向北美派遣远征军，并于1776年占领纽约之后，英军开始了大规模进军。主战场随之移到纽约以南到费城一带。此时，地处纽约、费城中心地带的普林斯顿，首当其冲成为敌对双方争夺的战略要地。这时期握有战争主动权的英军，很快占领了普林斯顿。

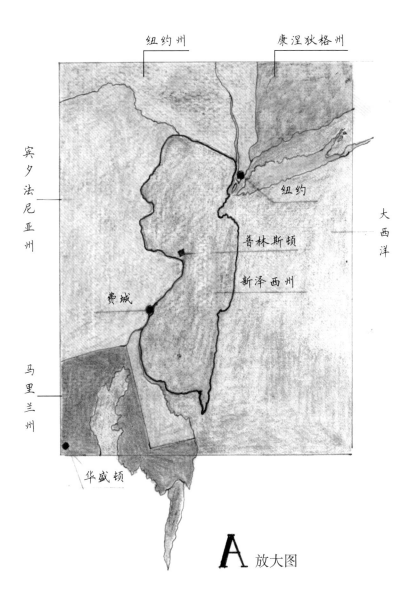

A 放大图

18 世纪特拉华田野风光

新泽西之秋

英军占领了普林斯顿一带广大土地后，继续向费城进军。

1777 年，英军在经过多次战役，付出了高昂代价之后占领了临时首都费城。这时英军的士气达到了顶峰。然而 1777 年也是美国独立战争中关键的一年。

首先在这一年美国大陆军已经彻底走向正规军，取得了丰富战斗经验，加上有广大民众支持，开始由弱变强。

其次，这一年在中部普林斯顿附近，取得了大陆军首次巨大胜利，彻底扭转了战场上的被动局面。英国军队士气大降，开始由强变弱，逐渐失去了战场上的主动权。

这就是普林斯顿历史记载的独立战争中首次大捷的情况。1777 年的这次战役后，华盛顿领导的大陆军收复了普林斯顿一带中部地区，并以此为基地，扩大战争成果，于 1778 年 6 月收复费城。此后，乘胜追击，接连打了多次胜仗，最终于 1781 年英军宣布投降，独立战争取得了最后胜利。

1783 年夏，大陆会议① 在拿骚会堂（Nassau Hall）举行了会议，会议决定普林斯顿为国家首都。普林斯顿的临时首都位置持续了 4 个月。

矗立在普林斯顿小镇西南郊的胜利纪念碑，详细地记录了普林斯顿在独立战争中做出的贡献。

---

① 18 世纪中叶，北美殖民地和宗主国英国之间的矛盾日益尖锐。英国对北美殖民地的经济压榨与政治统治，激起当地人民强烈反抗。弗吉尼亚议会在杰斐逊领导下呼吁各殖民地联合起来共同斗争，建议召开由各殖民地代表参加的会议。1774 年 9 月 5 日到 10 月 26 日，在费城召开殖民地联合会议，史称"第一届大陆会议"，会议通过了《权利宣言》，表明北美人民已经联合起来，共同反对英国的殖民统治。1775 年 5 月，第二届大陆会议在费城召开，会议通过并且发布《独立宣言》，正式宣布成立"美利坚合众国"。在北美殖民地宣布独立后，大陆会议起到了临时政府的作用。美国正式成为一个联邦国家后，大陆会议改称邦联会议，行使中央政府的权力。1789 年，大陆会议被主权分立的美国联邦政府所代替。

二、小镇布局

普林斯顿小镇局部鸟瞰示意图

普林斯顿小镇面积约 7 平方公里,由镇区和普林斯顿大学校区两大块组成。镇区面积约占 3/7,普林斯顿大学校区面积占 4/7。小镇人口约有 3 万人。

小镇东面濒临卡内基湖(Lake Carnegie)。湖的东侧又被特拉华河支流环绕。清澈的流水从小镇东北方向缓缓地流向小镇的东南,像一条珍珠项链镶嵌在绿野丛中闪闪发光。小镇的四郊树木林立,芳草茵茵遮挡住夏日的骄阳。优越的自然条件为小镇造就了湿润、温和、阳光充沛的最佳宜居环境。

小镇交通方便,距纽约和费城都是一个小时车程(走高速公路)。此外还有铁路与之相连。若乘坐火车来普林斯顿,可以欣赏特拉华平原的田野风光,那是真山真水,别有一番滋味。

小镇西郊还建有一座小型机场,可停降一般中型以下客机、使人员往来更加便捷。

普林斯顿四郊都是森林草坪,没有农田,看不到一处乡舍田庄,只见幢幢高档私人住宅,掩映在繁花绿树之中,远远望去,堆绿含白,风情万种,真是人间宜居好去处。

小镇镇区的平面布局非常规整,是一个四角均为 90 度的正长方形。镇区内的道路基本上都是垂直相交,横平竖直。

我过去总认为规规整整、方方正正、棋盘式格局的城市布置,是我们中国历代城市规划的传统模式。西方城市规划应该都是随地形、河流蜿蜒曲折布置。道路也应该是弯弯曲曲顺势而下。但是到了美国不仅看到纽约、费城等大城市道路均是横平竖直,一些小镇道路也同样是横平竖直,且还有棱有角,做工极细,十足表现了美国人办事认真之态。更有甚者,为了寻找方便,道路不用专用名称,而是通通编号。又见证了美国人从简去繁,办事聪明又科学的率直本性。不过普林斯顿小镇没有几条干道,也没有编号,而是采用了专用名称。

在平面布局中有两点需要说明:

第一,普林斯顿小镇是一个文化小镇,其文化氛围几乎处处可见。除了较大的镇图书馆和拿骚大街(Nassau Street)上的巨型书店外,无论在酒肆茶楼、还是街头巷尾,书摊、报架满目皆是。至于坐在树荫下、墙桌前,专心低头读书的男女老幼更是司空见惯。但在我的平面图上,只能把图书馆和大书店予以标出。至于遍布全镇各个角落里的大小书摊、中小学、文化场所等文化设施,因为太过于分散就没有在平面图中标示出来。

第二,在普林斯顿小镇平面布局中,占有半壁江山的普林斯顿大学是整个小镇建设中起决定作用的重大因素。小镇从初建时期开始,经过成长、发展、壮大,直至今天的规模,它每走一步都是依靠着同时发展起来的普林斯顿大学亦步亦趋走了过来。

毫无疑问,普林斯顿大学绝对是小镇发展的关键因素。因此,对于普林斯顿大学的平面布局、总体规划等相关内容,我将在后面的章节详细论述。

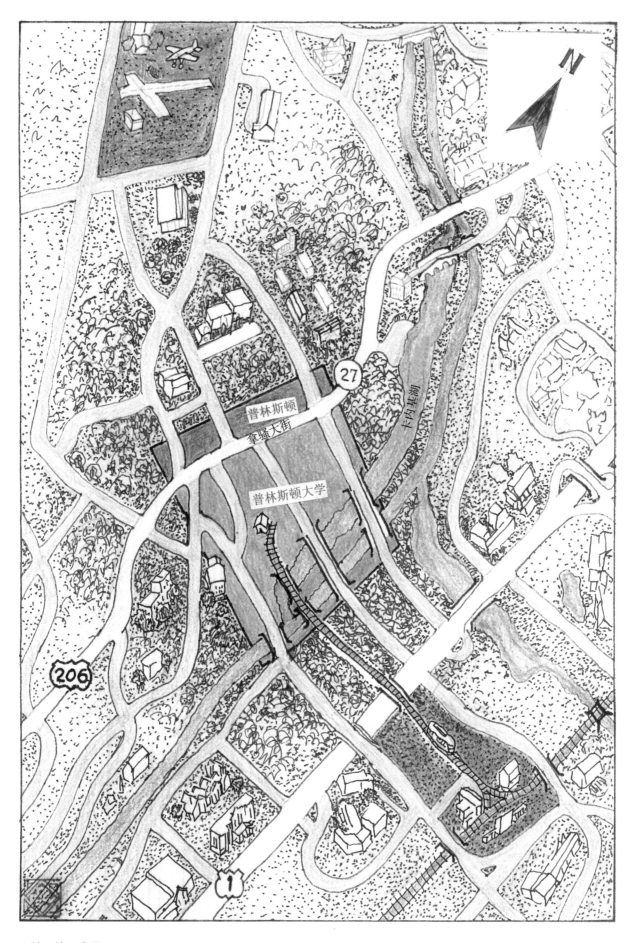

普林斯顿
拿骚大街

27

卡内基湖

普林斯顿大学

206

1

小镇环境示意图

17

普林斯顿小镇西部现代公寓住宅

爱因斯坦纪念碑（纪念公园内）

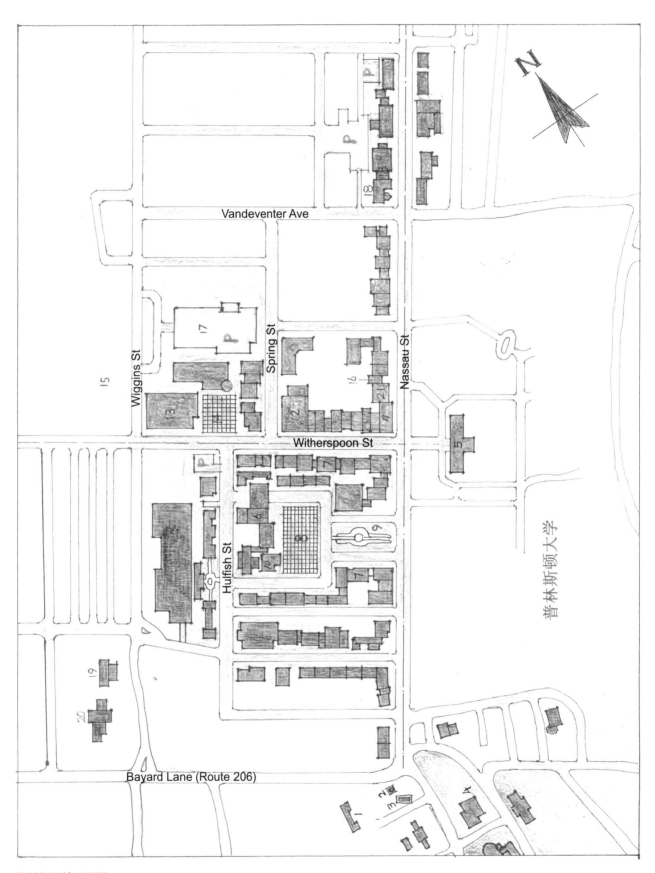

普林斯顿镇平面图

1- 镇议会；2- 爱因斯坦雕像；3- 独立战争胜利纪念碑；4- 普林斯顿神学院；5- 拿骚会堂；6- 娜莎旅社；7- 面包房；8- 旅社内庭院；9- 小花园；10- 英格兰画廊；11- 首饰珠宝店；12- 美味香料店；13- 普林斯顿图书馆；14- 室外餐饮休闲广场；15- 墓园；16- 爱因斯坦故居；17- 多层升起式停车场；18- 教堂；19- 基督教女青年会；20- 普林斯顿基督教会；21- 书店

普林斯顿小镇规划建设的基准点：

普林斯顿是个古老的小镇，早在殖民时期就已经存在。但是在美国独立战争时期，遭遇到严重摧残，全镇房屋几乎片瓦无存。值得庆幸的是，当时的新泽西学院最老的拿骚会堂大楼，却奇迹般地被完整保存下来。

独立战争结束后，普林斯顿小镇重建时。就决定以拿骚会堂大楼作为基准点全面展开恢复重建。

首先从大楼正立面中央引出一条垂直线，直抵小镇西郊，构成小镇东西方向的中央轴线，并依此修建了小镇中央主干道，就是今天的威瑟斯蓬大街（Witherspoon Street）。与此同时，又在拿骚大楼前方紧贴学院外墙，修建了一条垂直于威瑟斯蓬大街的南北方向的主干道，就是今天的拿骚大街（Nassau Street）。这两条垂直相交的主干道，构成了普林斯顿小镇重建的骨架。

在以后的200多年中，普林斯顿小镇就是在这一规划骨架的设想指导下发展起来的。

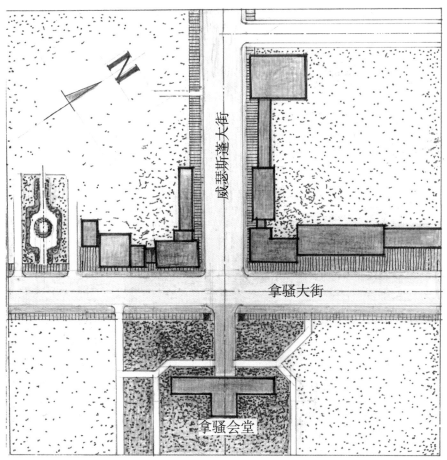

拿骚会堂入口及顶上塔楼（缩小）　普林斯顿镇中心点位置图

小镇功能区域划分：

按照各类房屋使用的不同性质，划分出了商业、教会、公园、停车场地、图书馆、住宅、商住房、墓园、街头庭院和小镇主要道路等十个区域。

有两点需要说明：

第一，普林斯顿地区本身就是树木茂盛、水源充沛、气候温和、自然条件极佳之地，因此没有必要特别标示出"绿化区域"。

第二，普林斯顿镇区内，主要建筑是提供给民众商品采购、文化需求、交通设施等服务性质。住宅很少，有住宅还是上面住人、下开商店的商住两用房屋。在镇内不属于大量性建筑。镇上的大部分住宅属于私人所有，多建在四郊的绿野茂林之中。这些住宅大多是高级住宅，布局很分散，没有集中大块的区域。

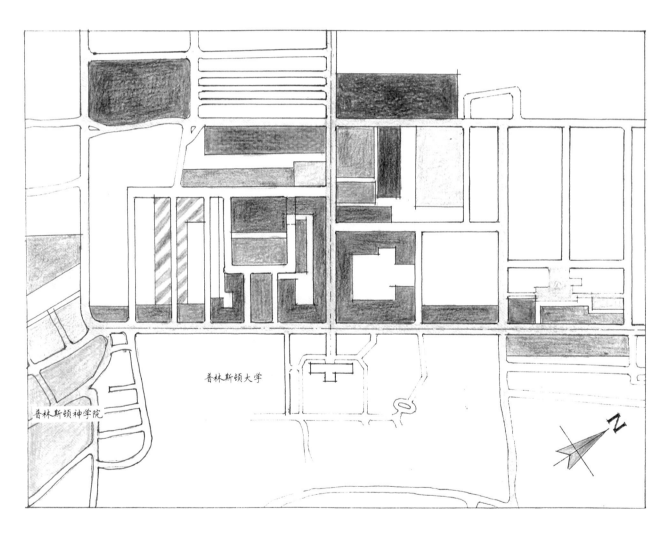

普林斯顿镇区功能区域示意图

三、小镇风貌

威瑟斯蓬大街上的树干休闲椅

1. 概述

城镇风貌是城镇的形象，也是城镇最有力、最精彩的高度概括。

一个城镇的风貌如果要达到尽善尽美，能把人们的心灵抓住并终生难忘，那它必定有出类拔萃的特殊风貌。

普林斯顿小镇之所以吸引人，正是具备了这种看似一般，却涵远深透，有着极罕见且高文明、高素质、学府气息的城镇风貌。

普林斯顿小镇的独特风貌是怎样形成的呢？

一方面是受到了普林斯顿大学的影响。这所世界顶尖大学在与小镇200多年相依为命的发展过程中，它的治学严谨、追求真理、诚实做人、勤奋努力的优秀品质，在不经意间影响到小镇生活的各个角落，融入到小镇居民的精神世界中。小镇尚学习礼、爱人尊物的风尚，蔚然成风。

另一方面是受到美国人自身性格的影响。小镇南部纪念公园中，有两座小镇标志性纪念碑，极鲜明地表达了小镇居民美国人的性格。

一座纪念碑是表达独立战争中在华盛顿领导下的普林斯顿民众争取自由、独立、民主的英雄气概。

另一座和人等体的纪念碑，是科学家爱因斯坦铜质胸像，爱因斯坦的和蔼可亲、平易近人，从另一面展现了美国人民崇尚知识、信守真理、尊重科学、坚毅不屈的精神风貌。

这两组雕像形象而凝练地表达出了普林斯顿小镇居民优秀的精神风貌。在长久的延续、传递过程中，这种精神风貌逐渐渗透到了普林斯顿城镇建设之中，从而形成了普林斯顿小镇独特的学府气息和浓烈的城镇风貌。

2. 威瑟斯蓬（Witherspoon）大街

威瑟斯蓬是普林斯顿镇区的中枢大街。它的东端以普林斯顿大学最古老的教学大楼拿骚会堂中心为起点，向西延伸构成了镇区中轴线上一条干道，也是镇上最繁华的商业大街。

大街上充斥各个时代的建筑，有着多元化的建筑语言，但都能互相礼让，和谐融洽。建筑的高度相差不多，高低错落排列有序。但是屋顶和立面处理却极有个性，五颜六色各领风骚，组成了一幅广阔又斑斓多彩的美丽画卷。

街上最大的建筑物是镇图书馆。这是一座现代化建筑，但外檐的大柱廊却展现了古代建筑稳重、沉静的气息。图书馆体量很大，在一个3万人的小镇，建这样一个大型图书馆，突显了小镇居民追求知识，习惯读书的优良素质。

在图书馆前面是一处休闲广场式的开敞空间，人们在读书之余，可以在广场休息，就餐。一边坐在小桌前慢品佳肴，一边欣赏大街上的胜景人情，真的是心旷神怡，悠然，陶然。

威瑟斯蓬大街鸟瞰图

威瑟斯蓬大街街口商店，英国维多利亚风格首饰店

威瑟斯蓬大街面对胡尔菲什街（Hulfish St）交口处

威瑟斯蓬大街上的普林
斯顿镇图书馆（现代建
筑风格）

威瑟斯蓬大街上的一条小巷，从过街
楼洞里向小巷外看，一片春意盎然

威瑟斯蓬大街上的一条小巷，它的尽端有一个过街
楼洞，通往后街花园，小巷生机勃勃，充满阳光

威瑟斯蓬大街图书馆前小广场立面示意图

小广场平面示意图
1- 小广场；2- 图书馆；
3- 饭店；4- 商店

小广场写生画，又是一番景色

威瑟斯蓬大街一家小商店，店面清洁、宁静，透露出欣欣向荣的气息

3. 拿骚（Nassau）大街

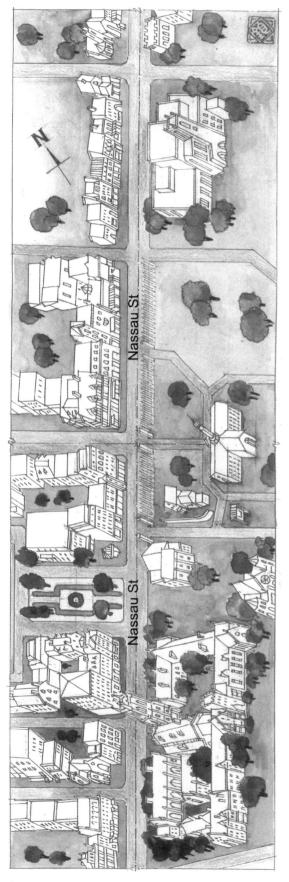

拿骚大街鸟瞰示意图

拿骚大街是一条美丽又充满文化气息的大街。大街西侧从北端一座教堂开始，鳞次栉比布满了一处处文化建筑。教堂位于一个十字路口的北角，依仗着高耸的尖塔和通体洁白的形象，俨然成了大街的标志。它的对面却是一座小巧的绿色微型剧院。它像一只小野兔蛰伏在绿野芳草之中。紧贴着小剧院是座两层楼的红色小屋。小屋整洁干净，在阳光下显得是那样沉着而安详。它就是爱因斯坦的故居。小屋矮小低调，很难叫人相信，这里就是科学泰斗爱因斯坦长期工作生活的地方。它矮小低调仿佛爱因斯坦平凡、谦虚的生活态度，不由得叫人肃然起敬！

向前走是几栋花边式的小吃店。其中一家紫桐木店面的中餐馆，经营地道的中国小吃。

再向前走是两家书店。在这只有三万人的小镇上，这两家书店的规模足可以和北京王府井书店相比。书店内堆满了书，店外还摆了几个大书案，好多读者在这里购书。

书店隔壁是一座维多利亚风格的首饰店，造型矜持庄重颇有绅士风度。

穿过威瑟斯蓬大街之后就是一些文化机构和一座小巧玲珑的街心花园。

大街的东侧，整个都是普林斯顿大学铁栅栏围墙。透过围墙可以看到校园内葱蔚洇润，和一座座掩映其间的古老教学楼。这些用石头砌的峥嵘轩峻的老屋，用它们特有的神采述说着过去生动而真切的故事。

普林斯顿大学浓浓的校园之风，透过铁栏杆围墙，渗透到大街的每个角落，使得这条名副其实的文化长街充满了学府气韵。

拿骚大街东侧沿街街景是普林斯顿大学铁栅栏围墙

拿骚大街西侧街景

拿骚大街沿街书店门前摆满了图书，读者可以随意选购

拿骚大街全景图（自东向西）

拿骚大街西侧书店，充满浓郁的文化气息

拿骚大街西侧的爱因斯坦故居纪念馆

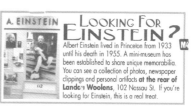

拿骚大街一处小型剧场，也可以放映电影

小店橱窗

商店橱窗中的爱因斯坦玩偶

帕尔默广场西街（PALMER Square West）是和拿骚大街相交的一条小街。小街南侧全部是白色门面的小店铺，整洁干净充满了文化气息

帕尔默广场西街上的咖啡屋和室外餐饮摊位

大街路边休息角

四、小镇景色

普林斯顿小镇田野一角

丰碑永立——独立战争胜利纪念碑

老屋常青——充满活力的百年老屋

书屋月夜——灯下人读书正酣

静谧的特拉华河

寂静的校园

美丽的卡内基湖畔风光

夕阳西下的特拉华河

中篇

普林斯顿大学

普林斯顿大学校园

一、校园概况

17世纪普林斯顿大学所在地，当时还是一块没开垦的处女地，自然风光明媚，田野景致优美

普林斯顿大学是美国在建国前殖民时期，继哈佛大学、耶鲁大学、布朗大学之后，建立的第四所大学。它的历史悠久，治学严谨，入学严格，学业艰苦。它的学术成果卓著，影响全球科技进程。它的精英人才济济，遍及美国各个高端领域。

普林斯顿大学的建立，可以追溯到18世纪初。当时正是英国在北美殖民开拓的鼎盛时期，为了应对来往于英伦三岛至北美东海岸繁忙的海上航运，保证航船的安全和快捷，英国当局于1726年决定在伊丽莎白小镇，建立一所以培养航海测程专业人才为目的的专科学校。这所学校是只有一个测程仪专业的小型工程学院。

让人想不到的，正是这个小型学院的诞生，竟成为后来顶尖学府普林斯顿大学形成的第一块基石。

1726年在伊丽莎白建立的这所工程学院，经过20年的进取，规模不断扩充，很快发展到了当地再难扩展的地步。于是在1746年迁至新泽西州的普林斯顿镇。至此学院规模得到进一步扩大，并增加了新的工程专业，正式命名为"新泽西学院"。

在此期间，学院成为纽约和费城基督教长老会议联合编制中的受援者，为学院的发展提供了资金保证。

新泽西学院成立时，学院在普林斯顿占据的区域，还是一块林深树茂、自然环境优美、没开垦过的处女地。这块靠近特拉华河畔，贴在卡内基湖边的绿色田野、人烟稀少、风光明媚，又远离市井，幽静安详，是求知识、做学问的理想之地。

新泽西学院在这块新的土地上，苦心经营近30年之际，爆发了独立战争。地处战争旋涡中的普林斯顿地区饱受战火摧残，新泽西学院更是破坏严重，几乎片瓦无存。等到胜利时，唯有那栋古老的第一座建筑拿骚会堂大楼奇迹般地保留下来，成为普林斯顿大学艰难经历的唯一见证者。

新泽西学院再经过了150多年，到了1896年更名为普林斯顿大学。至今又走过了120多年。普林斯顿大学在"为国家服务"的崇高理想指引下，风风雨雨走过了近300年的时间，而今仍然在创新的道路上奔忙不休，意气风发，充满活力。

普林斯顿大学拿骚会堂门前有大学整个历史发展进程的记录

普林斯顿大学荣誉标志

普林斯顿大学猛虎铜雕

猛虎雕像立面示意图

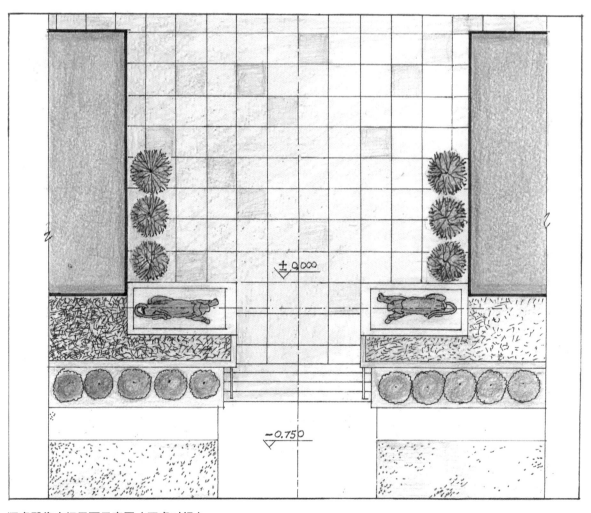

±0.000

−0.750

猛虎雕像广场平面示意图（双虎对视）

二、校园布局

普林斯顿大学后期建造的现代建筑教学楼

普林斯顿大学自 1746 年迁至普林斯顿小镇，定名新泽西学院再创之日起，至今已经渡过了 270 多个年头。在这段漫长的成长发展过程里，校园的规划、布局和建设也在不断地变更、提升和推进。期间经历了众多能人巨匠的不懈努力、开拓创新，才取得了今日的辉煌。

为了对普林斯顿大学建校过程的规划布局有一个较清晰的介绍，我把这一过程分解为三个时期：初创时期、发展时期和建成时期。

1. 初创时期

普林斯顿大学自伊丽莎白镇建校，至迁徙普林斯顿小镇再创新泽西学院的整个初建时期，学校事务均由基督教长老会专设机构筹办。其核心决策层多是正直知名神职长老或虔诚教徒组成。他们秉承欧洲古老大学办学所持有的禀操贞亮、清肃坚韧的创业精神和远离尘浮、钻研学文、严身立教培养人才的一系列原则，力求创建一所神圣洁净、好学上进的学府良苑。经过慎重研究几次商讨，最终选址在当时还是一片田野风光的特拉华平原普林斯顿小镇南郊的一片土地上。那时的小镇已经初具规模。在人烟稠密的镇市中间，有了一条贯通南北的商贸大街。小镇南郊也修通了一条从纽约途经普林斯顿小镇去往费城的公路。

新泽西学院占地的北界紧贴公路的南侧路肩。与小镇隔路相互对望。不久，学院开始建造第一座教学大楼——拿骚会堂。拿骚会堂是一座一字形平面教学大楼。它的正立面居中正对普林斯顿小镇中央大街。其中心轴线也和中央大街中轴线重叠。

拿骚会堂建成后成为了普林斯顿大学建校的开篇巨著。这座大楼二百多年来，历经磨难，也遭受过战火焚烧（美国独立战争中曾受炮火攻击，但没能毁坏），但始终岿然不动。它既是学院初建时期校园规划布局的中心，也是日后普林斯顿大学的校务中心，更是成百上千普林斯顿大学众多学子心目中萦怀难忘的美好象征。

拿骚会堂建成后，曾经从大楼西山墙引出过一道围墙，向北伸去和公路交接后，转弯沿公路南侧一直向东延伸，把原有占地圈成了一个宽阔长方形院落。后来拆除了西部围墙，学院用地向两侧扩张，为学院的发展提供了更大的活动空间。

地域的扩大，在广阔的场地上，更加突显了拿骚会堂凌驾四方的中心态势。于是后来再兴建的房舍，就以拿骚会堂为中心勘定其位，形成了典型的中心对称式平面布局。这种定式一直到初建时期末才结束。

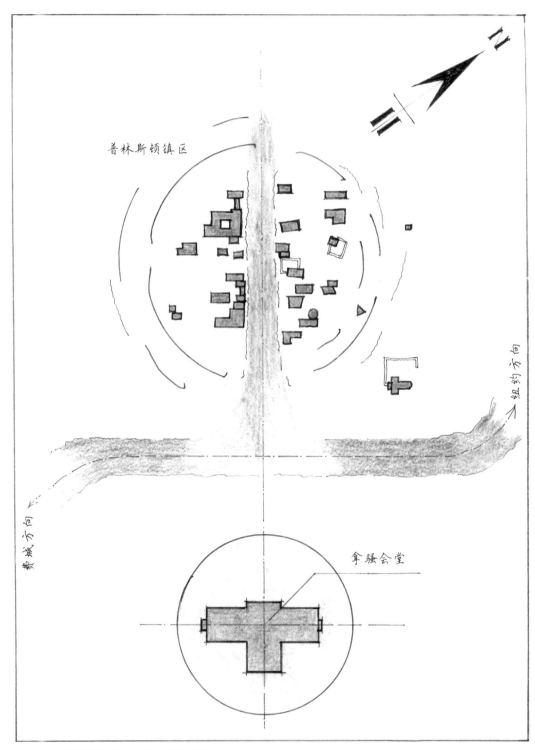

普林斯顿镇区

北城方向

纽约方向

拿骚会堂

1746 年新泽西学院初建时期占地平面示意图

1746 年初建时期的拿骚会堂和院落透视图

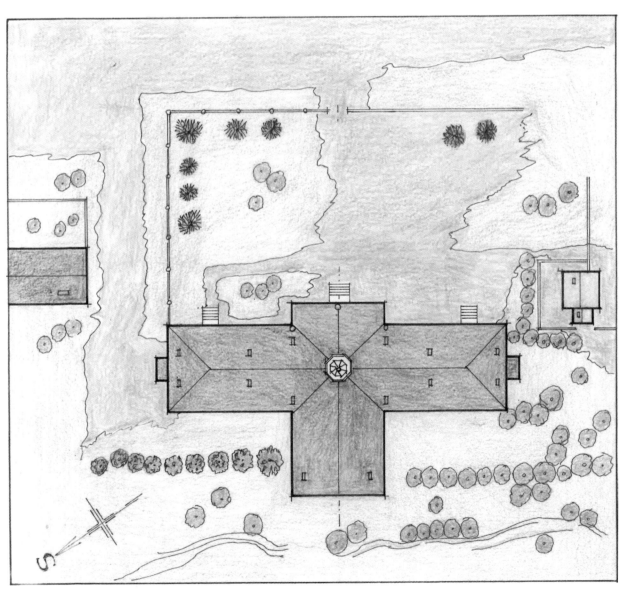

1746 年初建时期拿骚会堂（新泽西学院）总平面示意图

2. 发展时期

19 世纪的美国人民在摆脱了英国殖民统治后，获得了精神解放，意气风发，积极进取，美国迅速崛起，很快从一个农业国转变成了工业国。

南北战争后，美国社会更是经历了脱胎换骨的伟大变革，社会的突飞猛进，使得美国的制造业，铁路、公路、金融、纺织、军工、科技、教育、文化诸多领域一派欣欣向荣，取得了长足进步。现代化程度远远超过其他国家。到了 19 世纪末，美国已成为无可争辩的世界头号强国。

社会的进步必然需要更多的科技、文化、金融等领域的高端人才，于是大学教育适逢其时，也迎来了快速发展的最好时期。

新泽西学院位居经济发展最快的大纽约地区，得天独厚，也迎来了办学的高潮。

当时各类专业学科纷纷建立，众多科学、人文、研究机构也争先恐后进入大学借机发展。为了适应这种情况，学院规模一再扩充，很快就发展到了最南端的卡内基湖边。

地界迅速扩大，拿骚会堂不再位居学校中心位置，另一方面兴建的科、系房舍大都专业性极强，非使用者均难以完成其布置规划。因此原来以拿骚会堂为中心的建设、规划、布局模式已经过时，以学院和各类机构分区域规划、布局的模式就应运而生。

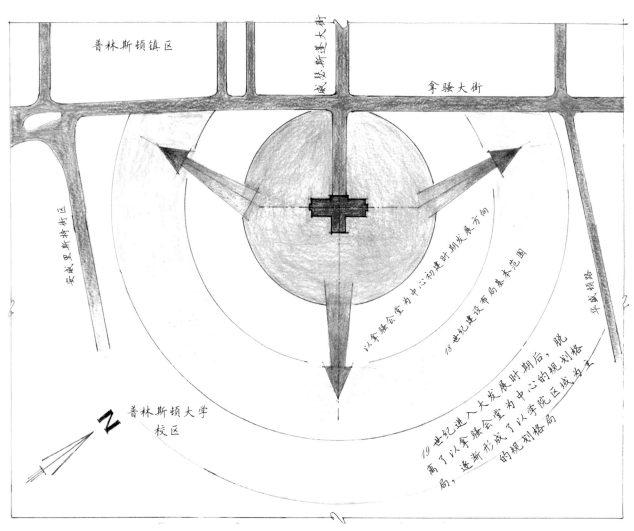

新泽西学院规划布局模式演变示意图

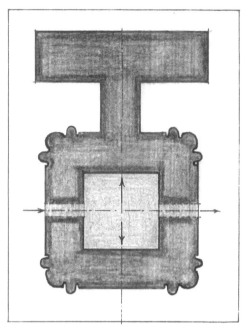

类型一：语言学院正方形全封闭天井式院落
示意图

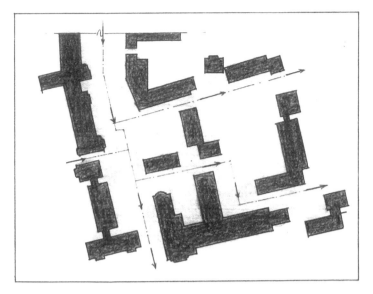

类型三：威尔逊学院疏透围合型套院式院落示意图

以学院和各机构为单元的规划模式，大大加快了学校建设速度，提升了学校培养人才的效率，是新形势下规划布局的一种最佳方案。

这种方式是以院落为基本组合要素。通过排列交错形成多种样式的院落。各院落自成一体互不干扰，创造了安静的学习环境，有利于教学和人才的培养。

我实地观察后，把这些院落归纳为 3 种类型：第一种是长方或正方形全封闭天井式院落。第二种是凹凸变化狭长贯通式院落。第三种是疏透围合型套院式院落。

这些院落形态各异，各行其是，但规划布局井然有序。各院落间相距不远和谐相处，变化又统一，意趣无穷。

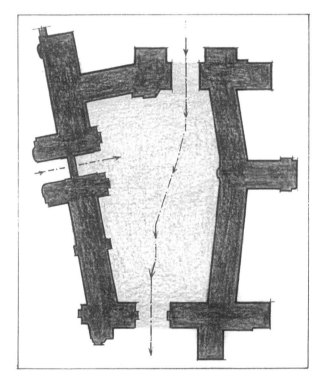

类型二：学生宿舍凹凸狭长贯通式院落示意图

1896 年新泽西学院正式更名为普林斯顿大学，至 20 世纪前半叶，校园规模基本定型，校园内大的建设活动也趋于终止。规划布局模式又待更替。

学院在 19 世纪大发展时期，在学校北边围墙中央修建了一座巴洛克风格的校园大门，直到今天它仍然屹立在那里，保持着风光无限的神态，韵味不减当年。另外，拿骚会堂在此期间也进行了彻底的维修，这座古老的建筑焕然一新，再现了美国早期殖民地建筑风格的浑厚朴质的丰采，是美国已不多见的保存完好的古建筑，也是普林斯顿大学珍贵的历史遗迹。

普林斯顿大学巴洛克风格的校门示意图

今天普林斯顿大学校门仍神采奕奕，生机盎然

60

古老的拿骚会堂在阳光照耀下依然屹立，熠熠生辉

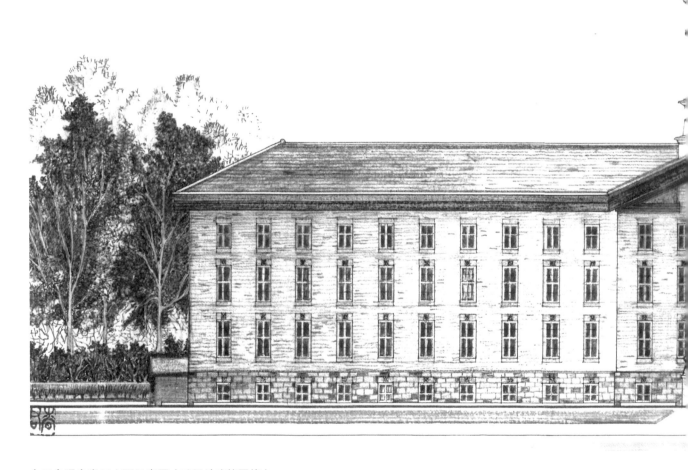

今日拿骚会堂正立面示意图（殖民地建筑风格）

2016.10

今天古老的拿骚大堂仍然矗立在夏日的浓荫里，风采依旧

3. 建成时期

20 世纪早期，普林斯顿大学基本建成。到了第二次世界大战时，学校建筑活动全部停止。战后建设又慢慢恢复。但规模小了许多。按照建成时期校园规划布局的要求，新建工程大多建在老建筑群中，于是采取见缝插针的原则，不再扩大校园用地范围。

纵观普林斯顿大学校园的规划布局，我总结出这样几条原则：

（1）200 多年以来，校园规划布局实施中，始终坚持民主协商、集思广益原则，不强调"中心""轴线"，而是实事求是，因地制宜，美观实用，勤俭办学。

（2）建筑和环境协调一致原则。建筑物尽量不破坏、不侵占所在地的自然环境，求得相映生辉、相得益彰。

（3）建筑之间相互礼让的原则。后来者要尊重前者。要礼让前者。前者也持宽容姿态迎接后者的到来。

正是采取了这些原则，校园才能始终保持一片屋景相随、树茂草盛、湖光烟色，拥簇起一座座美丽建筑组群，铸就了一所"亘古如一"、超凡脱俗的经典大学堂。

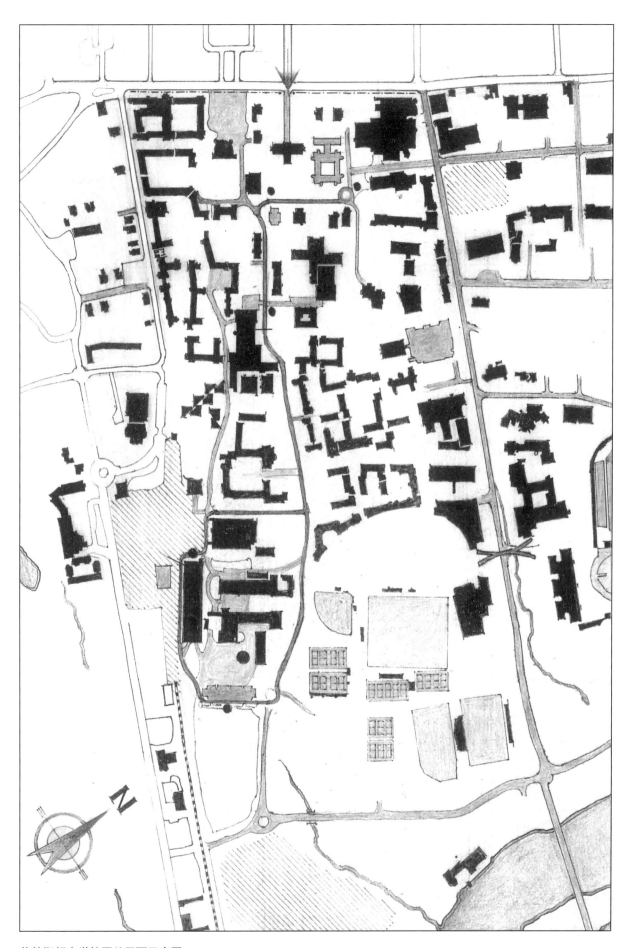

普林斯顿大学校园总平面示意图

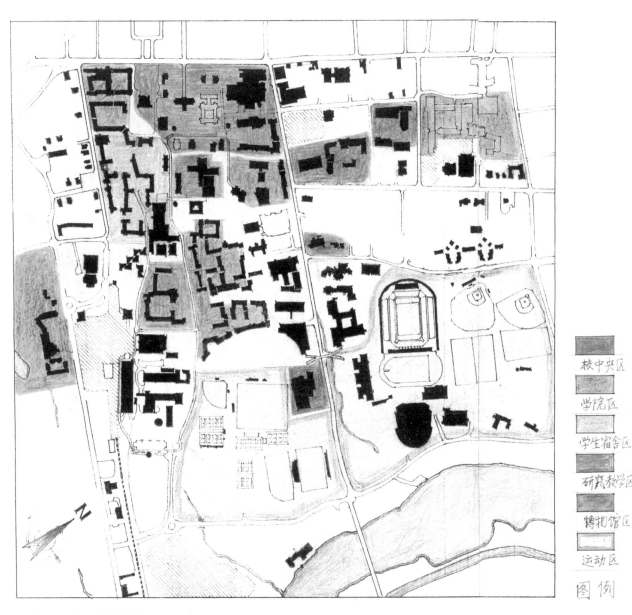

普林斯顿大学主要职能区示意图

校中央区

学院区

学生宿舍区

研究教学区

博物馆区

运动区

图例

三、校园风貌

普林斯顿大学校园内古老的哥特式教堂庭院

1. 概述

1）普林斯顿大学校园建筑风貌

美国古老的八所常青藤大学，按地理位置可以分为两类：

第一类是城市大学，如纽约的哥伦比亚大学和费城的宾夕法尼亚大学。这类大学建在繁华的大都会，虽居闹市却一尘不染，仍能闹中取静洁身自好，保留住了美国大学的原始性——"崇学重教"，即崇尚知识重视教育。不因位于繁华之枢而忘根本。

第二类是乡镇大学，如哈佛大学、耶鲁大学、普林斯顿大学。这类大学建在安静、平和的乡间田野，给人心胸开阔之感，更是一门心思"做学文"不问校外事。这类大学的校园风貌素朴雅静、树遮广舍、景连墙垣，充满了田园诗画般的风光。

普林斯顿大学地处普林斯顿小镇南缘的拿骚大街与卡内基湖泊之间风景优美的沃野之上，清透的自然环境，造就了其独特的校园风貌。

其独特之处有三：

（1）普林斯顿大学从建校初始，在校园中建造的房屋之间就不存在从属关系，也不受所谓轴线、对称、平衡之类的陈条束缚。所有建筑物都是平等的，它们都能按照自己所处位置从不同角度、不同经纬建立起礼谊相待友邻关系。按建筑科学规律要求，互相间疏密有秩，错落有序，互不影响，又融会贯通。从而组成了统一变化、一屋一景、美好而和谐的有机建筑空间。在这种空间里，古老的建筑用石块镂刻出的精细形象，伟岸又安详，似在低吟一曲浑厚的石头交响乐。周围的参天古树、花卉鸟虫、好似都安静地沉浸在这花样更迭又浑然一体的有机空间中，依着乐章各自做着奇思妙想。这种环境烘托出的安详、平和、率真、坦诚、求实、朴素的气氛，使进入到这里的人们，会不自觉地产生自律、求新、净化心灵的冲动。萌发追求真理、陶冶自身、一心向上、努力做人的圣洁心境。这是一种最理想的教人埋头读书、钻研学问的校园建筑风貌。

（2）在校园建设过程中，始终坚持"尊重自然环境"这一信条。因为人们认识到，做到对自然一草一木的尊重，不只是校园风貌建设的要求，也是教育人们学会尊重别人的开始，尊重一切生灵的开始。这是一条重要的做人原则。这种理念就在繁花似锦、古树参天、屋宇叠翠、斜柳堆烟、充满葱蔚润泽之气的校园风貌中昭然若揭，使人们坦然而自觉地接受了这种理念。同时树立起崇善避恶的心性。这是一种最贴近人们心理的默化育人校园建筑风貌。

（3）一个建筑空间环境，是由多座建筑物组成。建筑物有先来也有后到，有新也有旧。还有风格上的差异，形象上的不同。有的甚至还存在对立情绪。这些问题处理不好就出现建筑物间互相碰撞，产生坏的影响，严重影响校园建筑风貌的形象。

在普林斯顿大学校园中，没有出现过上述情况。一方面，尽量把形象、风格相近的建筑安排在一起；另一方面，采取技术手段处理好存在差异建筑物之间的相处并存。当古老的建筑同新建筑和谐并存时，就更具有了历史延续感。

整座校园风貌既体现了建筑师的智慧，又显示了各种匠人的精湛技艺。整个校园中所有建筑组成了蔚为壮观，又奇妙无比的和谐整体。随着人们漫步，依次展现在眼前，秩序井然，又意趣无穷。构筑了一幅鸿篇图景，美不胜收。

不愧为花园式的校园建筑风貌。

学馆一角，满园春色

2）普林斯顿大学建筑的风格

前面我谈了普林斯顿大学校园建筑风貌的一些特征。下面我想简略谈一下普林斯顿大学建筑的风格。因为对风格的认知会影响到对校园建筑风貌更深层的理解，我觉得有必要谈一谈，以便更多人士在参观普林斯顿大学时能对校园建筑文化有更深的理解和体验。

对于普林斯顿大学诸多早期古老建筑的风格，一些人士常常是用"哥特式建筑"一语带过，并延伸为普林斯顿大学校园建筑风格的称谓。有些文件在介绍普林斯顿大学时，也习惯用"优美的、古典的哥特式建筑"去描述普林斯顿大学的校园风貌。

如果稍许用专业的眼光去审视一下普林斯顿大学校园中的建筑，就会发现真正具有较典型哥特风格的建筑，寥寥无几、可以说少之又少。我所看到的唯有教堂一座，还是英国晚期哥特建筑风格。其余一些古老石砌建筑，如多座住宿学院、图书馆、语言学院，则是带有明显罗曼式风格的建筑。当然也不纯粹是典型罗曼式，其中也夹杂一些其他风格的痕迹，但总体上看还是罗曼式符号居多。之所以罗曼式风格较普遍，其原因，是欧洲大学（尤其是西欧）最早创建时，就是从中世纪基督教修道院脱胎而来。这些修道院的建筑模式，几乎千篇一律都是罗曼式建筑风格。这种风格在修道院几百年的建筑上，体现了一种良好的传授知识、钻研学问、读书育人、与人为善的学习环境。萧规曹随到了大学创建时期，罗曼式风格自然也成为了一种不变的模式。

普林斯顿大学建校初期，正赶上欧洲古典大学发展的晚期，从而也沾染上了罗曼式建筑风格的遗韵。但毕竟普林斯顿大学建校之初，欧洲的罗曼式建筑早已消亡，哥特建筑也成了明日黄花，虽然一再出现复古式哥特风格的零星建筑，但不能独占鳌头，其他风格建筑也各领风骚，均获有自己一席之地。比如普林斯顿大学第一座建筑拿骚会堂，可谓是学校奠基之作，它就不是哥特式风格建筑，而是英国占领北美大陆时流行的殖民地风格建筑。又比如亚历山大艺术学院主楼，则强烈表现出东方巴尔干地方风格及拜占庭风格糅合在一起的一种建筑风格。建在学院中间地带的主馆辉格礼堂（Whig Hall）和克莱奥礼堂（Clio Hall）[①]则是17世纪流行在欧洲的典型新古典主义建筑。到了20世纪以后校园南部建起了一栋栋房屋，均为现代主义建筑。

因此，普林斯顿大学的校园风貌，不能归于哪一种特定类型建筑。有些建筑表现了罗曼式或哥特式建筑上的很多要素，然而事过境迁，罗曼式沉重的半拱大门厚重冰冷的质感、外形并没有出现，取而代之的是轻巧的拱门，稳重而热烈的石墙。哥特式教堂虽然比较典型，但也取消了不少凌空冷峻的竖向镂空的细柱，也减少了比比皆是垂直向上的小塔尖顶，换成了平易近人的更加世俗化的晚期哥特之风。

所有罗曼式、哥特式、拜占庭式、殖民地式等等风格建筑，都已摆脱了古老神秘和宗教死寂的味道，而是焕然一新，增添了更加贴近群众艺术的气质，与后来的各种类型建筑相辅相成，组成了匀称和谐的符合逻辑，又独具特色、百花齐放的校园建筑风貌。

[①] 克莱奥是希腊神话中主管历史和史诗的女神。

2. 主要建筑图录

1）大学图书馆

普林斯顿大学图书馆主馆正面入口

图书馆前小广场掠影

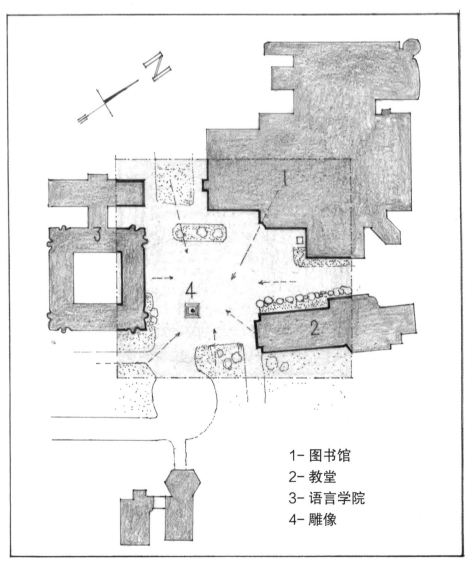

1- 图书馆
2- 教堂
3- 语言学院
4- 雕像

图书馆前小广场平面布局示意图

图书馆门前广场雕像

图书馆后园，虽是初冬，仍意趣盎然

普林斯顿大学图书馆（交谊大厅）

18 世纪发现的古希腊历史卷轴

伊丽莎白·西登达罗素描真迹，作于 1866-1868 年，
画中人物为丹娣·加布里埃尔

18 世纪末年轻人联欢演奏的乐器

普林斯顿大学图书馆珍藏文物

图书馆大厅

图书馆大厅实景透视示意图

大学图书馆内附设有儿童图书馆，这是其入口

儿童图书馆书籍，琳琅满目

图书馆入口正厅有一块四方形木台，是 1922、1923、1924、1925 年毕业生捐赠的纪念讲台

2）大学天主教堂

普林斯顿大学教堂，是一座典型晚期哥特式建筑。从外形上看它有着强烈的凌空向上的趋势。外墙上的扶壁柱和各层小尖塔，以及中间大型尖拱玫瑰花窗和它上部镂空的小排窗，都助长了这种哥特式特有的向上冲动。教堂内部有十字拱和集束柱构成的骨架。还有两个圆尖拱和彩色玻璃花窗构成的天花和侧壁。它的平面也是十字架形状，这些都表现了哥特建筑的独有特征。但所有这些要素都比早期哥特建筑简化了许多。另外在外部它没有飞券。这些又都是晚期哥特建筑的独有特征。

普林斯顿大学教堂

78

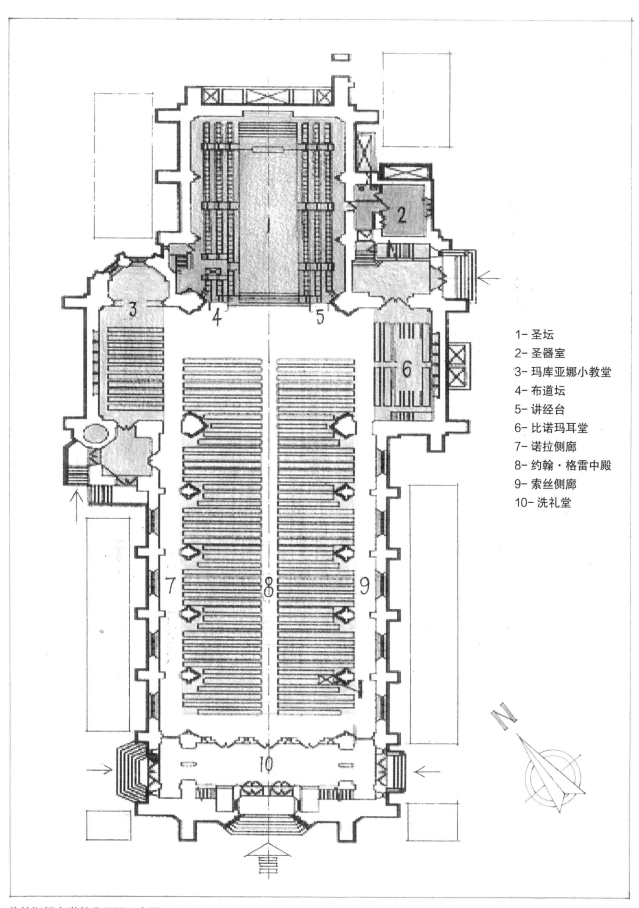

1- 圣坛
2- 圣器室
3- 玛库亚娜小教堂
4- 布道坛
5- 讲经台
6- 比诺玛耳堂
7- 诺拉侧廊
8- 约翰·格雷中殿
9- 索丝侧廊
10- 洗礼堂

普林斯顿大学教堂平面示意图

普林斯顿大学天主教堂立面示意图

80

普林斯顿教堂内景，可以看到集束柱和十字拱肋的构架

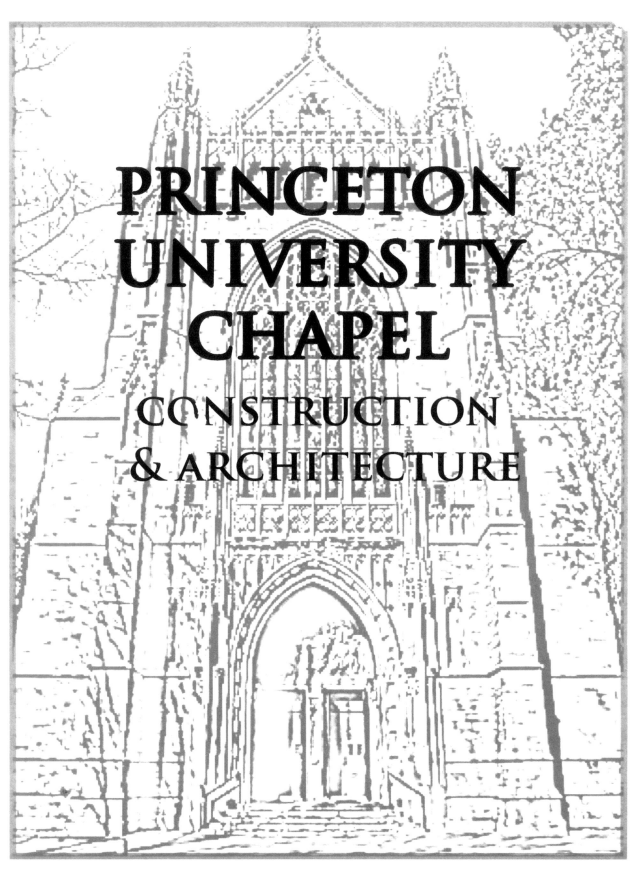

PRINCETON UNIVERSITY CHAPEL
CONSTRUCTION & ARCHITECTURE

普林斯顿教堂 2015 年 7 月~8 月瞻礼单（一）

PRINCETON UNIVERSITY
CARILLON
SUMMER CONCERTS

Performances held in the
Princeton University Graduate School
88 College Road West, Princeton, NJ
Free admission for all performances

Sunday • July 5 • 1 p.m.
KOEN COSAERT, BELGIUM

Sunday • July 12 • 1 p.m.
LEONARD WEISS, AUSTRALIA

Sunday • July 19 • 1 p.m.
ROY KROEZEN, THE NETHERLANDS

Sunday • July 26 • 1 p.m.
HUNTER CHASE, ILLINOIS
GUILD OF CARILLONNEURS IN NORTH AMERICA
CLASS OF 2014 RECITALIST

Sunday • August 2 • 1 p.m.
MARGARET PAN, CANADA

Sunday • August 9 • 1 p.m.
KARAOKE CARILLON
LIVE PERFORMANCE WITH MUSICAL TRACKS
LISA LONIE, PRINCETON UNIVERSITY CARILLONNEUR

Sunday • August 16 • 1 p.m.
BUCK LYON-VAIDEN, MARYLAND

Sunday • August 23 • 1 p.m.
ELLEN DICKINSON, CONNECTICUT

Sunday • August 30 • 1 p.m.
JANET TEBBEL & LISA LONIE, DUET CARILLONNEURS

The carillon is a program of University Chapel Music and
made possible by an endowment established by the Class of 1892.

The Office of Religious Life
PRINCETON UNIVERSITY

普林斯顿教堂 2015 年 7 月~8 月瞻礼单（二）

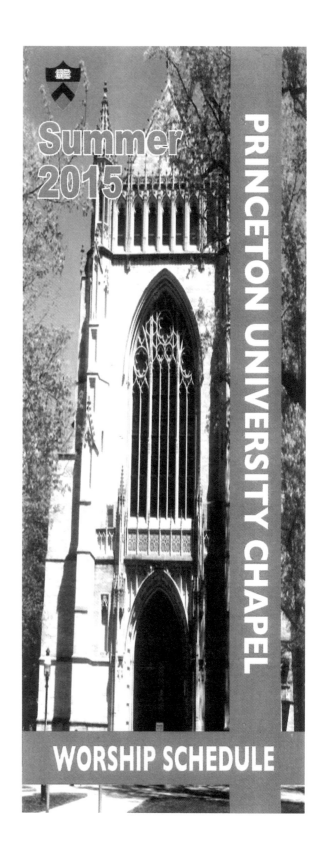

Summer 2015

PRINCETON UNIVERSITY CHAPEL

WORSHIP SCHEDULE

普林斯顿大学教堂后庭院的双拱门洞

3）普林斯顿大学语言学院

语言学院入口大门

连廊入口外观

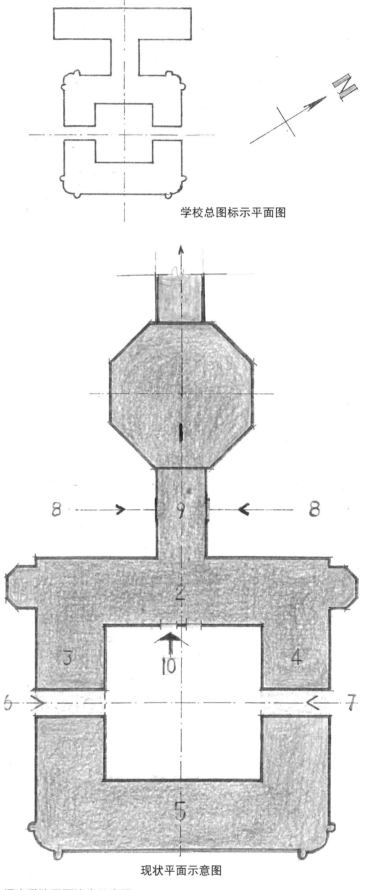

学校总图标示平面图

1- 八角形大阅览室及图书馆；
2- 北楼；
3- 西楼；
4- 东楼；
5- 南楼；
6- 西楼骑楼式通道；
7- 东楼骑楼式通道；
8- 后连廊入口；
9- 过庭式连廊；
10- 学院大门

现状平面示意图

语言学院平面演变示意图

西楼骑楼式通道立面示意图（从院内向外观望）

从东楼通道内看西楼通道，可以看到拱顶十字拱肋

从院落南角看语言学院北楼和西楼，略有罗曼建筑的风格，尤其是通道拱门更加突显

语言学院八角形大阅览室是后期改造扩建的，风格上和主楼略有差别，其中间大拱顶有明显的拜占庭教堂风格

八角形大阅览室拱顶灯饰及棱形片页天窗

通观八角形大阅览室内景，豁然开朗

大阅览室一角，
书香沁人心牌

语言学院正八边形阅览室。阅览室以八边
形边长为界分成 8 个外宽内窄的梯形隔间。
整个大厅书籍满架，室内器具古色古香

大阅览室展示了古典与现代的和谐之美

宽敞的长方形过街通道

语言学院西侧外部空间景致

4）亚历山大艺术学院

亚历山大艺术学院，是一座带有明显欧洲东方巴尔干马其顿民族建筑风格的学院。如立面山尖形外檐、中间圆形玫瑰花窗，以及窗下的人物浮雕，还有两端攒顶式塔楼，都是巴尔干地区建筑风格所具有的鲜明特征。

亚历山大艺术学院

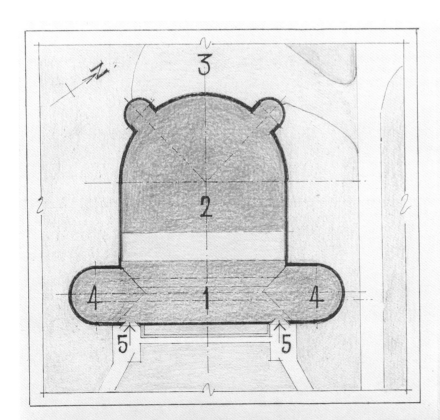

亚历山大艺术学院平面示意图

1- 教学楼；
2- 剧场；
3- 后广场；
4- 圆塔楼；
5- 入口

亚历山大艺术学院主入口

艺术学院正面墙上，这组大型高浮雕作品，是一件难得的美国在 18 世纪所流行的建筑雕像众多作品中，具有高度艺术性和精细性的伟大作品。

　　这幅作品除了雕琢细腻、技艺娴熟，整组画面具有栩栩如生的形象外。对人物表情，衣着神态的深度刻画，完全遵循欧洲巴尔干地区基督教会描述的传统习俗，不走样地再现出来。从而更加凝练了雕刻手法的高超技艺，创造出了巨大震撼力，强烈传达出了基督教会教义中"普爱""施善"的旨意。凡是驻足观赏这幅作品的人们，都会深深感受到这种"旨意"。并激发出内心"弃恶从善"的愿望。

　　人们在雕像前，静省怀思，久久不想离去。

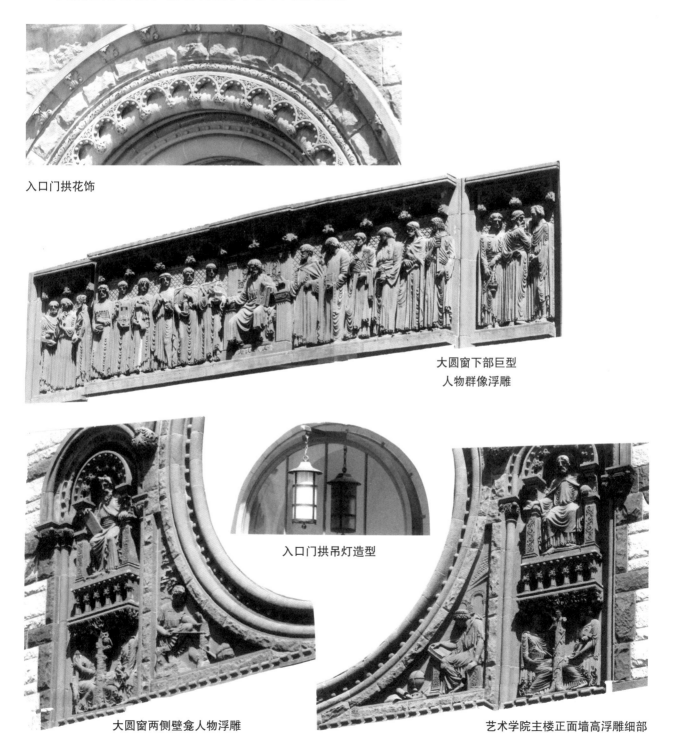

入口门拱花饰

大圆窗下部巨型
人物群像浮雕

入口门拱吊灯造型

大圆窗两侧壁龛人物浮雕　　　　　　　　　　艺术学院主楼正面墙高浮雕细部

大圆窗石雕及彩
玻璃细部示意图

正面墙勒脚石刻铭文

5）普林斯顿大学克莱奥礼堂

克莱奥礼堂

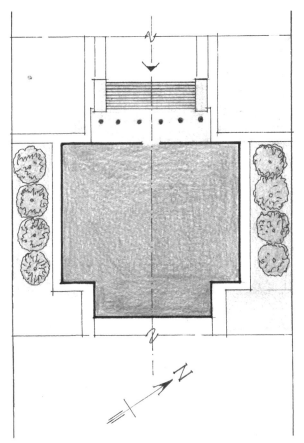

克莱奥礼堂平面示意图

　　这是一座近代新古典主义风格的建筑。这座建筑在形式和手法上一丝不苟地沿袭了文艺复兴时期古典建筑的美学原则建造。同时也带有明显古代罗马神庙的建筑语言。是一栋非常成功而优美的新古典主义时期的作品。

6）普林斯顿大学艺术博物馆

普林斯顿大学博物馆是一座国际主义风格建筑。这座建筑是一件优秀作品。建筑本身布局严谨，手法灵活、造型新颖，色彩典雅。其简约、规整、娟秀的气质，无不体现出后现代主义建筑的优雅、崇绝的良好特征。

普林斯顿大学博物馆入口及前庭院落

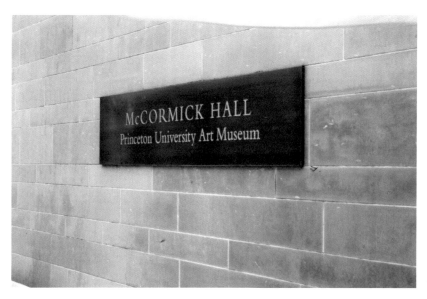

普林斯顿大学博物馆麦考密克会堂标示牌

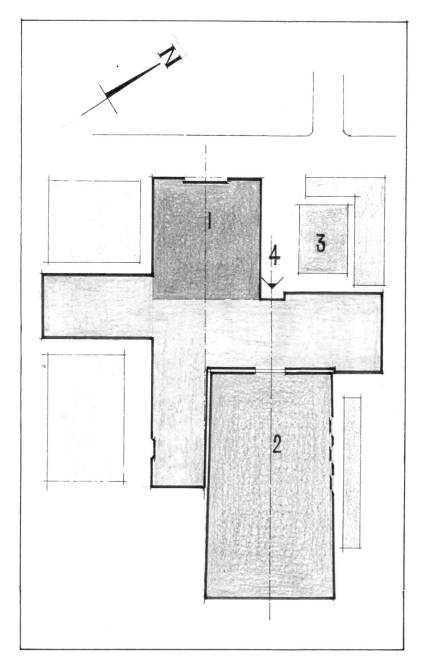

普林斯顿大学博物馆平面示意图

1- 麦考密克会堂；
2- 默西尤姆大厅；
3- 入口前休闲庭院；
4- 入口

7）普林斯顿大学住宿学院

马大学院入口塔楼及两旁宿舍楼全景

普林斯顿大学有5所住宿学院，俗称"五大学院"，分别是：马太学院、洛克菲勒学院、威尔逊学院、惠特曼学院、巴特勒学院。5座学院由于建造时间跨越了近200年,因此风格各异。但都能互相礼让，协调一致。此外，还有一些普通学生宿舍和家庭住所。

马太学院正门塔楼入口

普通学生宿舍

普通学生宿舍室外连廊

室外连廊写真

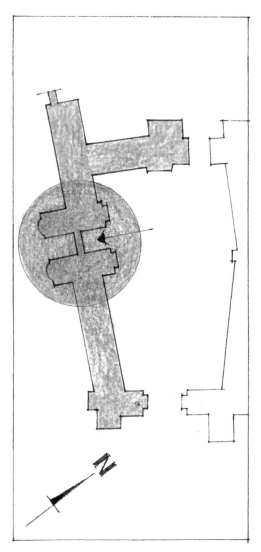

学生宿舍楼西楼平面示意图
（黄色圆圈内为连廊位置）

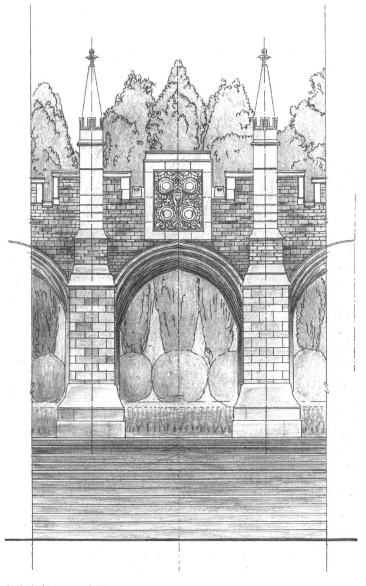

室外连廊立面示意图

学生宿舍楼一角

具有古典建筑形式的学生宿舍楼入口

惠特曼学院

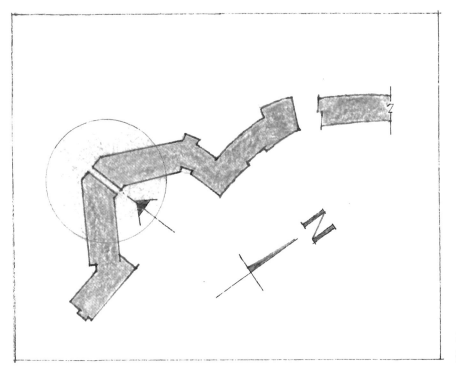

惠特曼学院局部平面示意图
（蓝色圈内为上图中入口位置）

四、校园景色

校园内休闲坐台

校园景色之一——碧绿映红楼

校园景色之二——悠悠林荫路

校园景色之三——宁静学斋院

校园景色之四——不老常青藤

校园景色之五——月夜闻圣乐

校园景色之六——初冬晨阳暖

校园景色之七——烟雨暗良苑

校园景色之八——白雪满校园

校园景色之九——绿茵沐朝阳

校园景色之十——篱边横索桥

校园景色之十一——铜铸赋神韵

校园景色之十二——红环发馨声

117

下 篇

美国小镇文化
与校园文化

美国历史博物馆

一、美国小镇文化

美国某小镇街景

1. 感受美国小镇建筑文化

在美国居住了 4 个多月时间，饱览了美国的旖旎风光，目睹了大城市的艳景繁华，坐赏了绿茵草地上的清悠明月，领略了人文盛宴的陶然乐趣。但最使我心动，让我终日难忘的不是这些，而是那些撒落在美国大地上，如同粒粒珍珠一样，熠熠发光的无数平凡的小镇。

每次我走进一座小镇，步行在一尘不染的小街上，看到在阳光照射下，充满生机、鳞次栉比的各色小屋时，总要放慢脚步，仔细观看它们的建造年代、特征和技艺。我常为它们多姿的风格喝彩，也为它们的神韵倾倒。

再看有些小屋前遮阳伞下，坐在小桌两边对饮的人群，无论老幼，脸上都挂着无忧无虑的神态。他们不急不躁缓酌慢饮，辉映于彩色缤纷中的超脱之象，简直就如神仙境界。我疑惑这是否就在九天之上？

我是从事建筑学研究的，看多了各种建筑组群的形态演变，也造访过不少世界上的经典建筑。但它们都少有能像美国小镇这样给我的这种强烈的感情。我以为自己因职业相通所至，故对美国小镇情有独钟。

然而令我惊奇的是，我在美国有不少从事其他职业的朋友，他们和我一样，对美国小镇也有难以释怀的心结。可见，美国小镇的建筑情愫和形象雕铸，给予人们是怎样的至深感受，又是怎样的广被人爱。

到这里，应该问一个为什么？为什么一个平凡的、规模不大的小镇，会有这样大的魅力，让那么多人为之驻足，而难以舍去？为什么这些小镇经历了上百年，甚至两百年岁月仍然葆有青春，充满了活力？为什么这些小镇的规划、布局充满了人情味？体现出高品质的和谐融洽的人居气氛？这种高素质的建筑文化，它的由来和根源，究竟来自哪里呢？

为寻找这些答案，我走访了十多个小镇，在走访中随时做了笔录，拍了照片。经过分析研究，我认为美国这种小镇建筑文化的由来，其根源就在于它是从美国小镇文化中衍生而茁壮成长起来的。

2. 美国小镇文化的产生和特征

美国小镇文化的产生，可追溯到 16 世纪北美沦为英国殖民地时期。在此期间，大批的欧洲移民涌入北美地区。在这些移民中，除少数穷苦民众是为了易地谋生外，其余绝大多数移民是遭受到当时席卷欧洲的宗教迫害向外逃亡的清教徒。这些清教徒几乎都是举家迁徙走上逃亡之路。他们又经过了漫长大海上的搏击，甘冒众多亲人在大洋中丧生的严峻考验，最终踏上了北美的土地。他们凭借坚强毅力、非凡勇气，千辛万苦地到达美洲，绝不是出于功利的考虑，而是为了躲避血腥的杀戮、争取自身和思想的自由，实现崇高的理想。这些人本身都有着较高的文化背景和虔诚的宗教信仰，又经过无数次大起大落生死较量，最终成为一群出类拔萃的清教徒式的种族群体。从踏上美洲大陆那一刻起，这一族群就以顽强的毅力，在创建自身家园的同时，也开创了一个崭新的文化时代。

之所以会产生这种全新的文化，原因在于这个群体成员，大多受到过良好文化教育，具有较高的知识水平，同时也有着纯朴、善良的做人美德和高尚的理想。从而为美国新文化创建准备了思想理论基础。

这种新文化所依托的伦理基本特征就是："不盲目追求物质享乐，而更重视精神世界的完美。"他们始终把"虔诚、谦卑、怜悯、独立、顺从、公义"等做人的高尚精神信条，用于创建新文化的伦理基础。从这一伦理基础出发，所有成员不分贵贱都能自觉遵守，使之成为自我约束、遵从道德的规范，并逐渐延伸至人和人之间处事、交往，保持社会和谐以及共同生活的准则，并得到了共识。日久天长这些准则就筑成了高尚的美国小镇文化，进而形成了美国的主流文化。

美国小镇文化塑造了美国精神和美国主流文化，从而促成了美国民族复兴，完成了独立大业。又以艰苦卓绝、开拓进取精神，创造了美国雄踞世界第一强国的百年辉煌。美国之有今日，小镇文化的作用功不可没！

3. 小镇文化对建筑文化的影响

美国小镇文化对建筑文化的影响，可以说是非常深刻的。几乎从外形到内部都打上了小镇文化的烙印，实在难解难分。

比如：美国人的室内装修，总是以实用、舒适为主。同时也顾及经济支撑能力。在经济条件允许范围内，尽可能做到舒适、耐用。选用材料也要经济、实用，能为室内增色为宜。不乱花钱，很少把钱花到花里胡哨的装饰上去。不追求豪华气派、虚张声势。这就是小镇文化中俭朴、谦虚精神施加的影响。

又比如：美国的大型超市都很普通，有的外形完全像一座大仓库，没有一点艺术性。更不追求奇特造型，安装什么"抢眼球"之类无聊的东西。但超市内部设施齐全，非常现代，甚至超前。室内空调全日开放，空气新鲜，终年温和如春。室内宽敞豁亮，没有人挤人的现象，是一个非常舒适的购物环境。

再比如：城镇建设中的布局，凡是新建筑都欢迎都包容。但也尊重老建筑。人们看重老建筑是因为它们为人们提供过庇护作用，为人类做出过贡献，理当受到尊重，而且古老建筑具有不能磨灭的历史遗痕，它们会经常给人以美好回忆。因此小镇才有上百年或两百年之久的老屋，像一个个老寿星一样被后来者围在中间，其乐融融。这些不都是美国文化中谦卑、顺从、尊重等美德再现吗？这些老建筑只要不是自身消亡，永远不用担心会被人"彻底铲除"。

从小镇建筑文化中，我看到了美国普通人的安详、宁静、沉着、努力进取的生活气息，也看到了小镇历史的绵绵流长。每座建筑都和居民一样，都安于自己的位置，互相礼让，一派欣欣向荣、友善和谐的景象。这种气息无形中隐喻着许多小镇文化美德的内涵。启迪生活中的人们沿着这条真正美国精神之路走下去。这种建筑文化和美国小镇代表的美国主流文化的高度融合，给人的感染力是我在其他任何地方都没有经历过的。

二、美国校园文化

美国某大学校园

1. 感受美国校园建筑文化

走进美国大学校园给人的第一感觉就是安静。那种安静不是死寂,而是阳光普照下,大片绿树簇拥、栋栋书楼神凝的,一种给人舒展、愉快、精神焕发的安静。

园中行人,不管男女老少,都是低声细语。没有人喧哗、没有人嬉闹,有的夹着书、有的背着包,踽踽而行,带有一种无以言明的书卷气息的君子风度。

绕过花坛寻径进入图书馆。没有人阻拦你,仍然是一片安静。但你可以发现偌大的阅览室内人头攒动,坐满了人,无声无息都在聚精会神埋头读书。你信手从大排书架上选一本书,随处都有座椅,坐下来就读书,没有人关注你的行动。

走出图书馆,对面就是教堂。美国的大学基本上都有教堂。这是西方校园内极具特色的一种建筑文化。教堂每天上午都做弥撒(周日、瞻礼日全天都做)。无冬无夏,也不管天气好坏,常年如此。教堂的门整日不关,无论信教与否,都可以进来瞻仰礼拜。弥撒进行时,大堂内灯火辉煌,穹顶和两壁的大窗打开,阳光四射,大堂如在田野般豁亮。教堂内的人们摩肩接踵,却鸦雀无声,只有管风琴奏出悠扬琴声在大堂内回荡。那一刻人们沉浸在弃恶从善的自省之中,聆听神的呼唤,走入了人神交往的忘情境界。这里没有烟火缭绕的焚香之举,更没有充满铜臭味的陋俗。有的是催人向上、努力进取、积极生活的善意。

第二个感觉是洁净。在校园中漫步,不管你走到哪里都非常干净。没有烟头、果皮、纸屑等生活垃圾,也没有商场、酒吧、网吧等商业场所,更没有满墙的小广告,见不到一辆私人轿车在校园内横冲直撞。

第三个感觉是秩序井然。我游历过多个美国大学校园,见到的校园建筑都规整划一,绿化铺地也非常有序,环境肃静优美,造就了一种传统与创新和谐共存的独特的良好建筑文化氛围。生活其中的人们,无论是教学、工作,还是运动,没有一丝紧张匆忙的神态,总是不紧不慢,按部就班在进行。一切都显得信心十足,成竹在胸。这种良好的校风,应该说建筑文化也起到了重要作用。

2. 美国校园文化的产生和特征

美国校园建筑文化源自校园文化。因此就需要对美国校园文化的产生和特征做一个概括的介绍。

美国校园文化产生的源头有两个:一是源自基督教文化,二是源于清教徒的办学理念。

首先谈第一个源头。近代大学诞生于中世纪欧洲基督教大发展时期。公元9世纪基督教在欧洲各地迅速传播,一时间神职人员大量短缺。为了解决这一问题,各地教堂和修道院陆续开办了一些培养神职人员的学校，传授神学和哲学。学校就设在修道院内。公元 11 世纪学校和教会中的经院哲学兴起，各地学校就成为经院哲学教学和学术研讨活动中心。在这些活动中心里，师生平起平坐，互相讨论，争论学术中的疑难问题，呈现出一派平等、公正、互助、钻研学问、追求真理的良好学风。于是这些中心就成为了今日大学的雏形。公元 12 世纪，经院哲学走向衰落。学校从此走出了专门教授神学和哲学的圈子，增设了自然科学和社会科学的专业。大学也相应发展壮大，逐渐完善走向成熟。到了公元 13 世纪，西欧各国都有了一批名牌大学创建成立。但是，这些大学始终由教会经办，从而保持了基督教文化中的一些传统，并融入到大学校园文化当中。

其次谈第二个源头。大学在北美创建，约在 17 世纪之初。大多集中在英国殖民地十三州的北方各州。居住在这一地区的民众绝大部分是清教徒。各州最高权力机构，完全控制在清教徒信奉的耶稣教派手中。清教徒最优秀的习俗，就是重视教育和医疗卫生事业。当他们在北美定居之后，首先创办的事业就是大学和医院。从 1636 年创建第一所哈佛大学开始，到美国建国之初的一百年里，在这些州里先后建立了布郎大学、耶鲁大学、新泽西学院（普林斯顿大学）、富兰克林学院（宾夕法尼亚大学）、哥伦比亚大学、达特茅斯大学。这几所大学今日都成为美国著名常青藤联盟中的一员。其中除了富兰克林学院，余下的都是清教徒新教派创建的大学。

美国大学创建之初，带有鲜明的不同于欧洲大学基督教传统的新教派办学观念。沿袭了更加完善、纯洁、高尚的新教修道院部分规章制度，很多修道院良好的制度、习俗保留至今。此外，在办学过程中，也把清教徒所提倡的俭朴、正直、有条理、果断、勤奋、真诚、公正、温和、清洁、谦虚、负责等美德贯穿到办学宗旨和教学实践之中，成为对学生进行品德教育的主要内容。正是以上特征，才使得美国校园文化具有了独特优良传统，从而发扬光大、经久不衰。

3. 校园文化对建筑文化的影响

美国校园建筑文化受校园文化影响几乎处处可见。前面讲到的教堂建筑就是个明显例证。

教堂这种纯粹宗教建筑物，放在大学校园里，对于欧美国家人们来说，习以为常。在他们看来，大学从宗教里诞生，学校建教堂理所当然，从来没有人提出过异议。深入去分析，这就是受到当地校园文化及人们恒久的宗教观念的影响。从有大学那一天起，它就和西方教会有着千丝万缕的联系，学校建教堂也是普遍现象，这种建筑文化习俗根深蒂固，很难改变，一直延续到今天。比如，美国大学中凡是 18 世纪前后一段时期内建造的房屋，尤其是学生宿舍，其建筑造型基本上就是晚期修道院斋房的翻版。内部功能、设施也带有明显修道院的特征。从窄小长条的外窗，到厚重的隔墙都叫人感到有些修道院的压抑、肃静的味道。当然经过改造，内部已经增加了现代化通风，采光也很好，但是间或泛起的那种修道院的遗风，不正是那种风格表现出的建筑文化仍然在影响着人们吗？

宗教文化在欧美大学中渗透，形成了这些校园建筑文化独有的特征。这一特征又因为和清教徒虔诚、笃信的文化相合拍，就更助长了这种宗教文化在校园建筑文化中的影响势头。只是到了 20 世纪初才有了明显的减弱。

宗教文化对欧美大学校园文化的影响，有着深刻的历史和文化、习俗多种原因，不是一朝一夕能改变的。今后很长时间恐怕对校园建筑文化还会有一定影响。然而，事物在发展，也许终究有一天，两者会分手，各行其道。